FORMELSAMMLUNG

MATHEMATIK
PHYSIK
CHEMIE

ALLGEMEINE AUSGABE

Franz Kaltenbronn
Jochen Meyer
unter Mitarbeit der Verlagsredaktion

Berater
Prof. Dr. Uwe Bong
Erich-Stefan Lohner

Cornelsen

Formelsammlung
Mathematik – Physik – Chemie

Für den Gebrauch an Schulen

Bestellnummer 531414
1. Auflage
Druck 8 7 6 / 96 95 94
Alle Drucke derselben Auflage sind im Unterricht parallel verwendbar.

Satz: Universitätsdruckerei H. Stürtz AG, Würzburg
Druck: Cornelsen Druck, Berlin
Bindearbeiten: Hensch, Berlin

ISBN 3-464-53141-4

Inhaltsverzeichnis

Mathematik

Informationstechnische Grundbildung

Physik

Chemie

Mathematische Zeichen

$=$	gleich	$\parallel$	parallel	$\mathbb{N}$	Natürliche Zahlen
$\neq$	ungleich	$\perp$	rechtwinklig, ist senkrecht zu	$\mathbb{N}^*$	Natürliche Zahlen ohne Null
$<$	kleiner als	$\sim$	proportional, ähnlich	$\mathbb{Z}$	Ganze Zahlen
$>$	größer als	$\cong$	kongruent	$\mathbb{Q}$	Rationale Zahlen
$\leq$	kleiner oder gleich	$\sphericalangle$	Winkel	$\mathbb{R}$	Reelle Zahlen
$\geq$	größer oder gleich	⊾	rechter Winkel (90°)		
$\approx$	ungefähr gleich, rund	AB	Gerade durch A und B		
$\triangleq$	entspricht	$\overline{AB}$	Strecke zwischen A und B		
∞	unendlich				

Griechische Buchstaben

α	β	γ	δ	ε	ζ	η	ϑ	ι	$\varkappa$	λ	μ
Alpha	Beta	Gamma	Delta	Epsilon	Zeta	Eta	Theta	Jota	Kappa	Lambda	My
ν	ξ	o	π	ϱ	σ	τ	υ	φ	χ	ψ	ω
Ny	Xi	Omikron	Pi	Rho	Sigma	Tau	Ypsilon	Phi	Chi	Psi	Omega

Verwendete Großbuchstaben: Δ – Delta Ω – Omega

Gesetze der Grundrechenarten

Kommutativgesetz	$a + b = b + a$ $a \cdot b = b \cdot a$	
Assoziativgesetz	$(a + b) + c = a + (b + c)$ $(a \cdot b) \cdot c = a \cdot (b \cdot c)$	
Distributivgesetz	$a \cdot (b + c) = a \cdot b + a \cdot c$ $a \cdot (b - c) = a \cdot b - a \cdot c$	$(a + b) \cdot c = a \cdot c + b \cdot c$ $(a - b) \cdot c = a \cdot c - b \cdot c$

Mittelwerte

Arithmetisches Mittel

Arithmetisches Mittel der Zahlen a und b

$$m = \frac{a + b}{2}$$

Arithmetisches Mittel von n Zahlen $a_1, \ldots, a_n$

$$m = \frac{a_1 + \ldots + a_n}{n}$$

Geometrisches Mittel

Geometrisches Mittel der Zahlen a und b

$$g = \sqrt{a \cdot b}$$

Potenzen

Potenz

$\underbrace{a \cdot a \cdot a \cdot \ldots \cdot a}_{n\text{-Faktoren}} = a^n$ (Basis: a; Exponent: n; Potenz: a^n) $a \neq 0$, n ganze Zahl

Beachte: Für $a \neq 0$ gilt $a^0 = 1$; $a^1 = a$; $a^{-n} = \frac{1}{a^n}$

Potenzgesetze

gleiche Basis $a^m \cdot a^n = a^{m+n}$

$a^m : a^n = \frac{a^m}{a^n} = a^{m-n}$

gleicher Exponent $a^n \cdot b^n = (a \cdot b)^n$

$a^n : b^n = \frac{a^n}{b^n} = \left(\frac{a}{b}\right)^n$

Potenzieren $(a^m)^n = a^{m \cdot n}$

Binomische Formeln

I. $(a+b)^2 = a^2 + 2ab + b^2$

II. $(a-b)^2 = a^2 - 2ab + b^2$

III. $(a+b)(a-b) = a^2 - b^2$

Wurzeln

Wurzel

$\sqrt[n]{a}$ (Wurzelexponent: n; Basis (Radikand): a; Wurzel: $\sqrt[n]{a}$) $a > 0$, $n > 1$

$\sqrt[n]{a} = b$ bedeutet $a = b^n$

Beachte: $\sqrt[2]{a} = \sqrt{a}$; $\sqrt[n]{a} = a^{\frac{1}{n}}$

Rechnen mit Wurzeln

Multiplizieren $\sqrt[n]{a} \cdot \sqrt[n]{b} = \sqrt[n]{a \cdot b}$ n, m ganze Zahlen

Dividieren $\sqrt[n]{a} : \sqrt[n]{b} = \frac{\sqrt[n]{a}}{\sqrt[n]{b}} = \sqrt[n]{\frac{a}{b}}$

Potenzieren $(\sqrt[n]{a})^m = \sqrt[n]{a^m} = a^{\frac{m}{n}}$

Radizieren $\sqrt[m]{\sqrt[n]{a}} = \sqrt[m \cdot n]{a}$

Zehnerlogarithmen

Schreibweisen		$\log_{10} a$ oder kurz: $\lg a$
Zehnerlogarithmus		$x = \lg a$ bedeutet $10^x = a$
Rechnen mit Logarithmen		$a > 0,\ b > 0,\ n > 1$
	Multiplizieren	$\lg(a \cdot b) = \lg a + \lg b$
	Dividieren	$\lg\left(\frac{a}{b}\right) = \lg a - \lg b$
	Potenzieren	$\lg(a^n) = n \cdot \lg a$
	Radizieren	$\lg(\sqrt[n]{a}) = \frac{1}{n} \cdot \lg a$

Quadratische Gleichungen

Gemischtquadratische Gleichung (allgemein)

$ax^2 + bx + c = 0;\quad a \neq 0$

Division durch a führt auf die Normalform.

Normalform

$x^2 + px + q = 0$

Lösungen

$$x_{1/2} = -\frac{p}{2} \pm \sqrt{\underbrace{\left(\frac{p}{2}\right)^2 - q}_{\text{Diskriminante } D}}$$

Fallunterscheidung

I. $D = \left(\frac{p}{2}\right)^2 - q > 0$ zwei verschiedene Lösungen

II. $D = \left(\frac{p}{2}\right)^2 - q = 0$ eine Lösung

III. $D = \left(\frac{p}{2}\right)^2 - q < 0$ keine Lösung

Satz von Vieta

Sind x_1 und x_2 Lösungen der quadratischen Gleichung $x^2 + px + q = 0$, dann gilt:

$x_1 + x_2 = -p,\quad x_1 \cdot x_2 = q$

Lineare Funktion

Lineare Funktion

$f(x) = mx + b$

$y = mx + b$

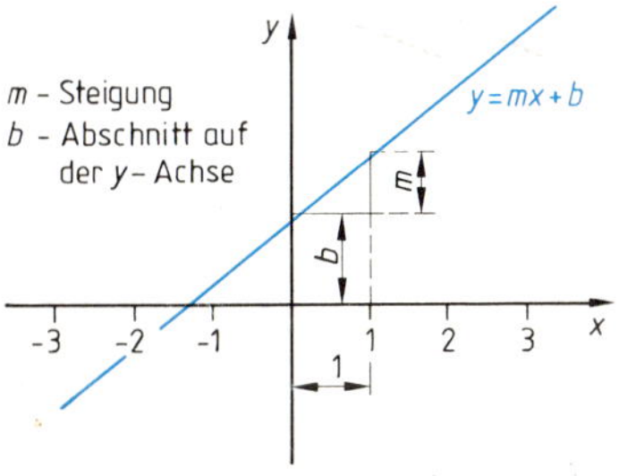

Quadratische Funktionen

Normalparabel

$f(x) = x^2$
$y = x^2$

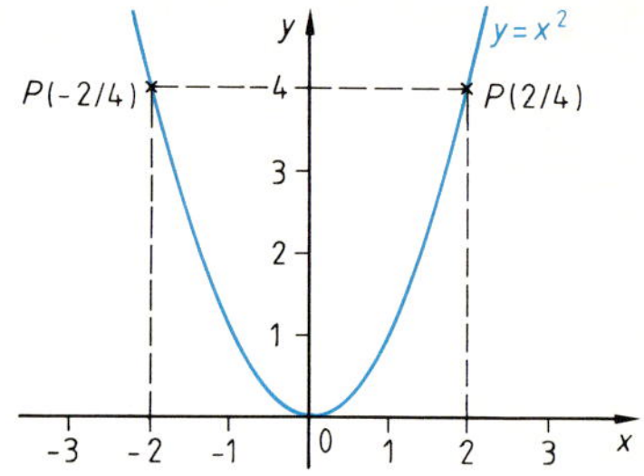

Parabeln

$f(x) = ax^2$
$y = ax^2$

$a = 1$	Normalparabel
$a > 1$	gestreckte Parabel
$a < 1$	gestauchte Parabel
$a > 0$	Parabel nach oben geöffnet
$a < 0$	Parabel nach unten geöffnet

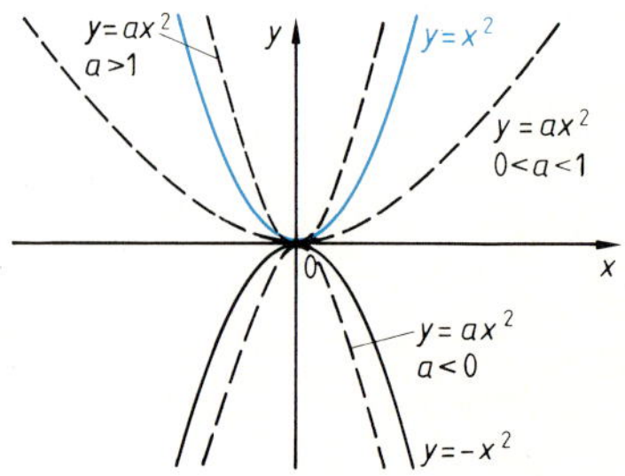

Verschiebungen

1. $y = x^2 + b$
Verschiebung der Normalparabel um b längs der y-Achse.
Scheitelpunkt: $S(0|b)$

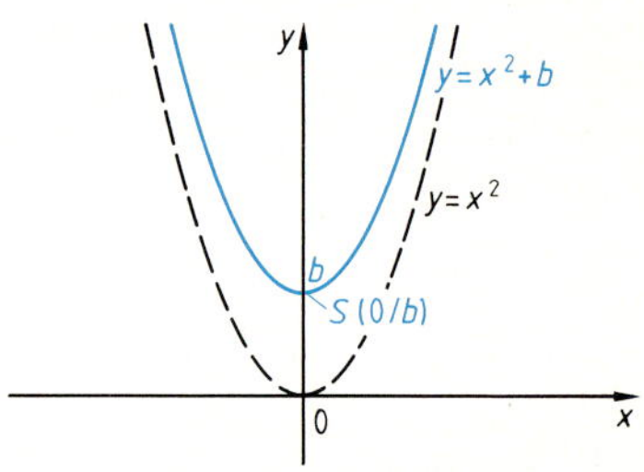

2. $y = (x + a)^2$
Verschiebung der Normalparabel um $-a$ längs der x-Achse.
Scheitelpunkt: $S(-a|0)$

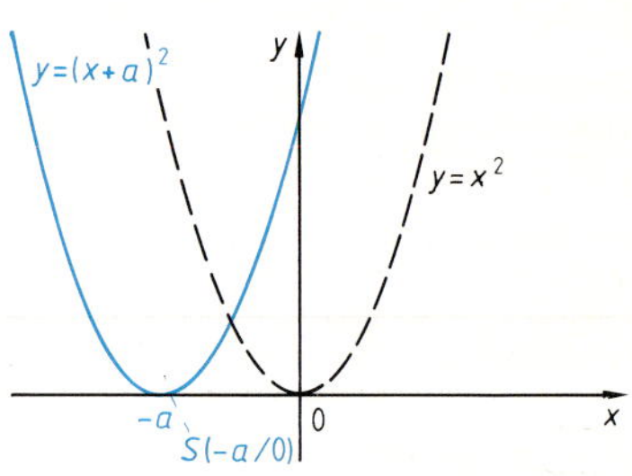

3. $y = (x + a)^2 + b$
Verschiebung der Normalparabel um $-a$ längs der x-Achse und um b längs der y-Achse.
Scheitelpunkt: $S(-a|b)$

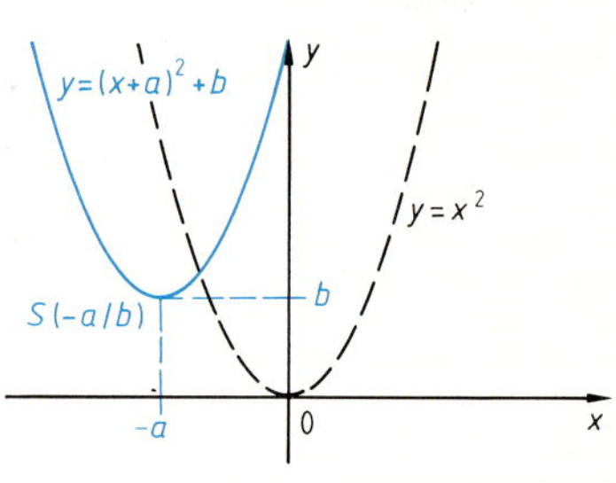

Sachrechnen

Prozente	Grundwert G Prozentwert W Prozentsatz $p\% = \frac{p}{100}$	$\frac{p}{100} = \frac{W}{G}$
Promille	Grundwert G Promillewert W Promillesatz $p‰ = \frac{p}{1000}$	$\frac{p}{1000} = \frac{W}{G}$
Zinsen	Kapital K (in DM) Zinsen Z (in DM) Zinssatz $p\%$ Zeit i (in Jahren) m (in Monaten) t (in Tagen)	Jahreszinsen $Z = \frac{K \cdot i \cdot p}{100}$ Monatszinsen $Z = \frac{K \cdot m \cdot p}{100 \cdot 12}$ Tageszinsen $Z = \frac{K \cdot t \cdot p}{100 \cdot 360}$
Zinseszinsen	Anfangskapital K_0 Endkapital K_n nach n Jahren Zinssatz $p\%$ Zeit n (in Jahren) Wachstumsfaktor $q = (1 + \frac{p}{100})$	$K_n = K_0 \cdot \left(1 + \frac{p}{100}\right)^n$ $= K_0 \cdot q^n$
Wachstum Exponentielle Zunahme	Anfangsgröße G_0 Endgröße G_n nach n Abschnitten prozentuale Zunahme $p\%$ Zahl der Abschnitte n Wachstumsfaktor $q = (1 + \frac{p}{100})$	$G_n = G_0 \cdot \left(1 + \frac{p}{100}\right)^n$ $= G_0 \cdot q^n$

Zerfall
Degressive Abschreibung

Anfangswert B_0
Buchwert B_n nach n Jahren
Zinssatz $p\,\%$
Zeit n (in Jahren)
Wachstumsfaktor $q = (1 - \frac{p}{100})$

$$B_n = B_0 \cdot \left(1 - \frac{p}{100}\right)^n = B_0 \cdot q^n$$

Exponentielle Abnahme

Anfangsgröße G_0
Endgröße G_n nach n Abschnitten
prozentuale Abnahme $p\,\%$
Zahl der Abschnitte n
Wachstumsfaktor $q = (1 - \frac{p}{100})$

$$G_n = G_0 \cdot \left(1 - \frac{p}{100}\right)^n = G_0 \cdot q^n$$

Winkel

Nebenwinkel

Nebenwinkel ergänzen sich zu 180°.

$\alpha + \beta = 180°$

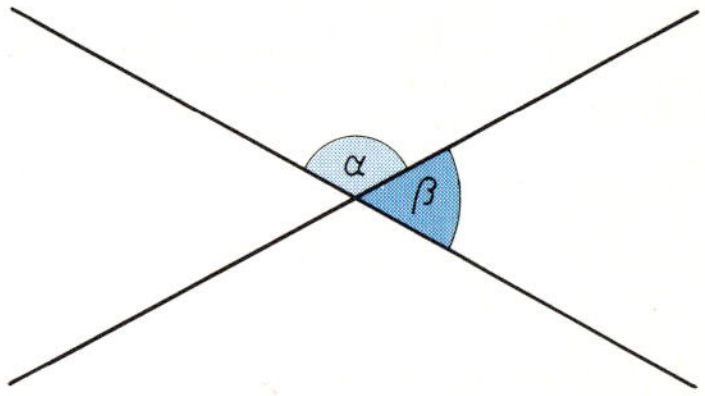

Scheitelwinkel

Scheitelwinkel sind gleich groß.

$\alpha = \beta; \quad \gamma = \delta$

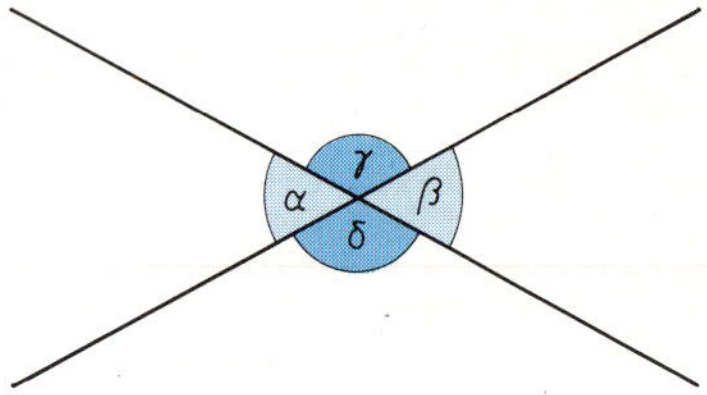

Stufenwinkel

Stufenwinkel sind gleich groß

$\alpha = \beta; \quad \gamma = \delta$

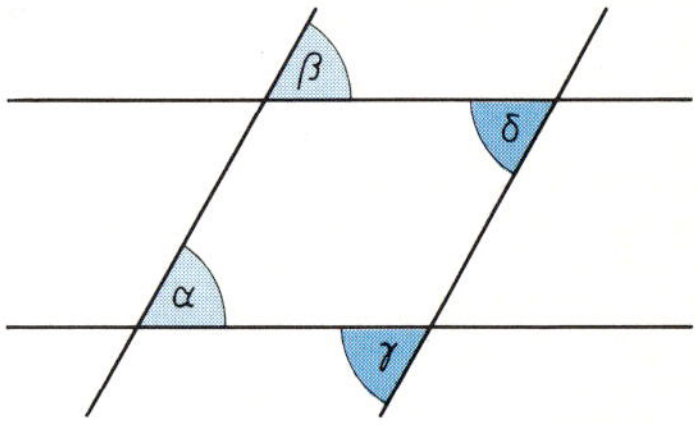

Wechselwinkel

Wechselwinkel sind gleich groß.

$\alpha = \beta; \quad \gamma = \delta$

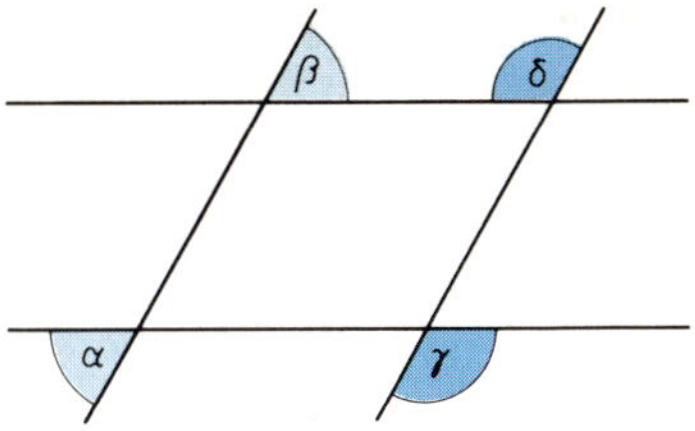

Winkelsumme
Dreieck

Die Summe der Innenwinkel eines Dreiecks beträgt 180°.

$\alpha + \beta + \gamma = 180°$

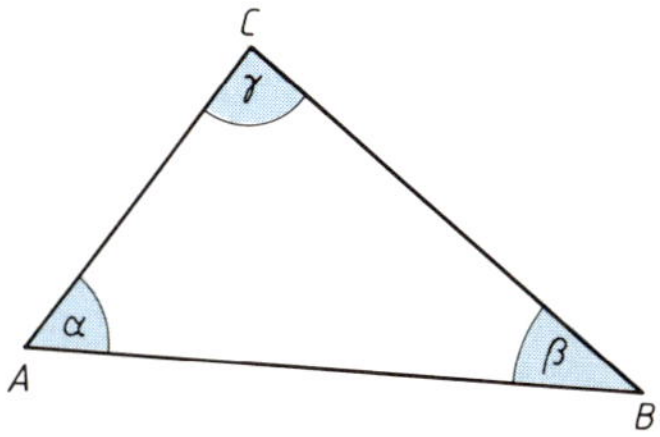

Winkel im Kreis

Alle Umfangswinkel γ über einer Sehne $\overline{AB}$ sind gleich groß.

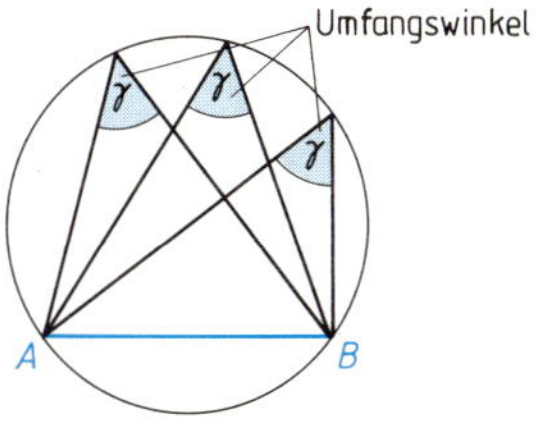

Alle Umfangswinkel γ über einer Sehne $\overline{AB}$ sind halb so groß wie der Mittelpunktswinkel α über derselben Sehne

$\gamma = \frac{1}{2}\alpha$

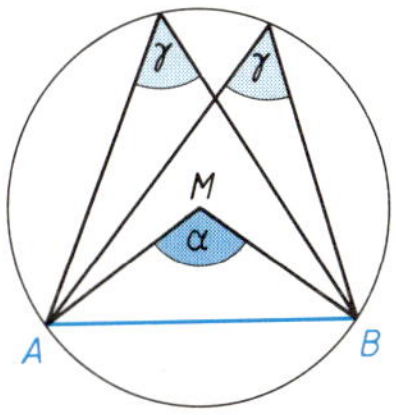

Satz des Thales

Jeder Umfangswinkel über einem Durchmesser d ist ein rechter Winkel.

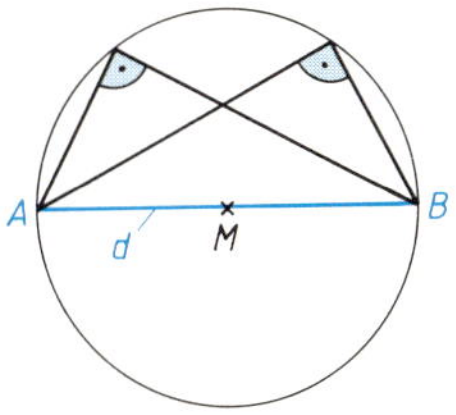

Strahlensätze

1. Strahlensatz

Werden zwei von einem Punkt ausgehende Strahlen von zwei Parallelen geschnitten, so verhalten sich die Abschnitte auf dem einen Strahl wie die entsprechenden Abschnitte auf dem anderen Strahl.

$\frac{a}{b} = \frac{c}{d}; \quad \frac{a}{(a+b)} = \frac{c}{(c+d)}$

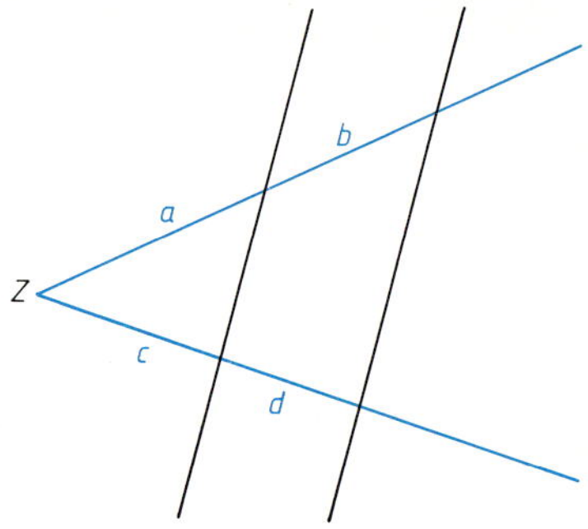

2. Strahlensatz

Werden zwei von einem Punkt Z ausgehende Strahlen von zwei Parallelen geschnitten, so verhalten sich die Abschnitte auf den Parallelen wie die von Z aus gemessenen entsprechenden Abschnitte auf jedem Strahl

$\frac{g}{h} = \frac{a}{(a+b)}; \quad \frac{g}{h} = \frac{c}{(c+d)}$

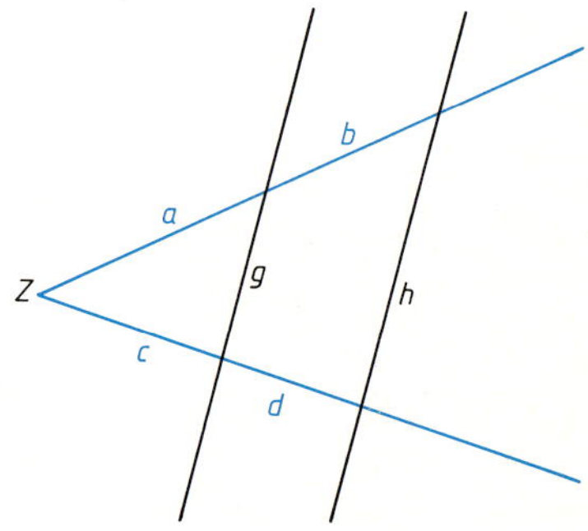

Besondere Linien und Punkte im Dreieck

Mittelsenkrechte
Umkreis

Die drei Mittelsenkrechten schneiden sich im Mittelpunkt des Umkreises.

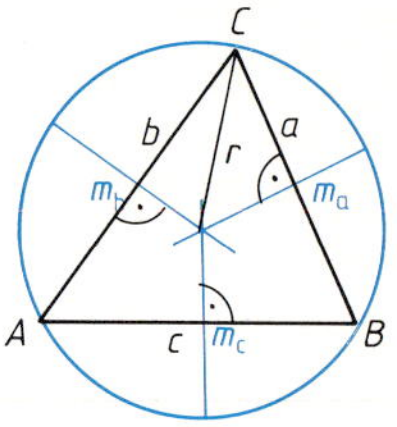

Winkelhalbierende
Inkreis

Die drei Winkelhalbierenden schneiden sich im Mittelpunkt des Inkreises.

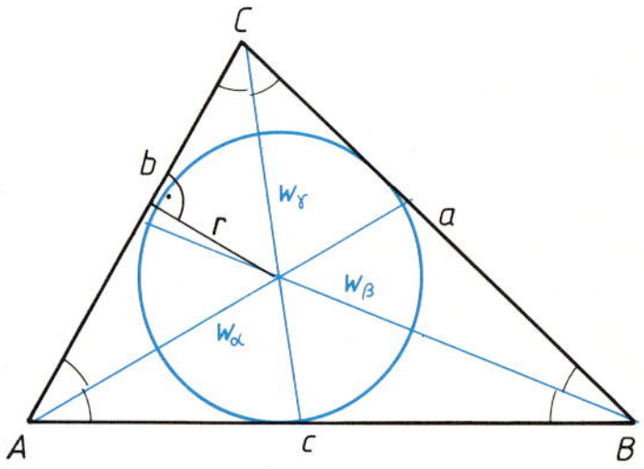

Höhen

Die drei Höhen eines Dreiecks schneiden sich im Höhenschnittpunkt.

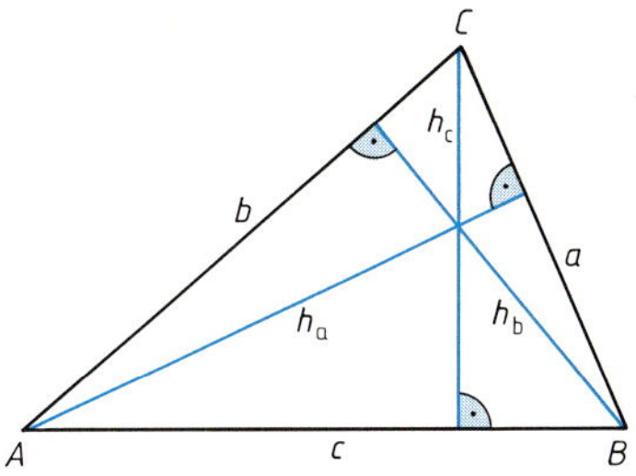

Seitenhalbierende

Die drei Seitenhalbierenden schneiden sich im Schwerpunkt *S* des Dreiecks.
Der Schwerpunkt *S* teilt die Seitenhalbierenden im Verhältnis 2:1.

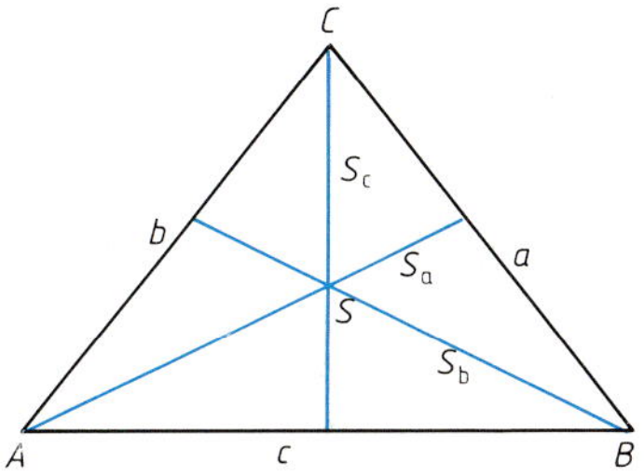

Kongruenzsätze

1. ***sss***

Dreiecke sind *kongruent* (deckungsgleich), wenn sie in *drei Seiten* übereinstimmen (*sss*)

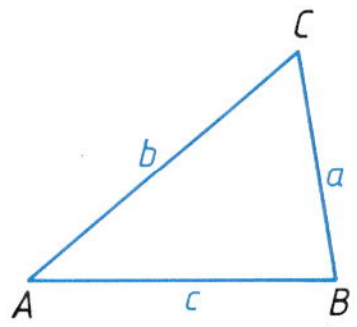

2. ***sws***

Dreiecke sind *kongruent*, wenn sie in *zwei Seiten* und dem *eingeschlossenen Winkel* übereinstimmen (*sws*).

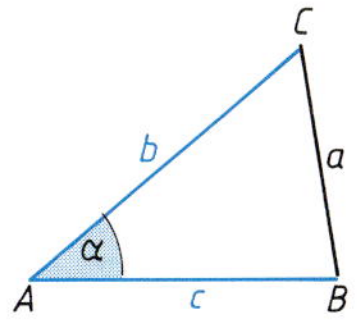

3. ***wsw***

Dreiecke sind *kongruent*, wenn sie in *einer Seite* und *zwei Winkeln* übereinstimmen (*wsw*)

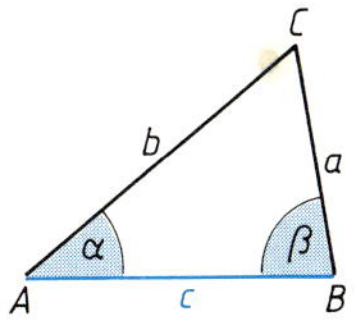

4. ***ssw***

Dreiecke sind *kongruent*, wenn sie in *zwei Seiten* und dem der *längeren Seite gegenüberliegenden Winkel* übereinstimmen (*ssw*).

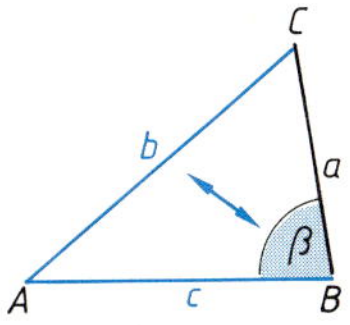

$b > c$

Wichtige Ähnlichkeitssätze

1. Ähnlichkeitssatz

Zwei Dreiecke sind ähnlich, wenn sie in zwei Winkeln übereinstimmen.

$\Delta ABC \sim \Delta A'B'C'$

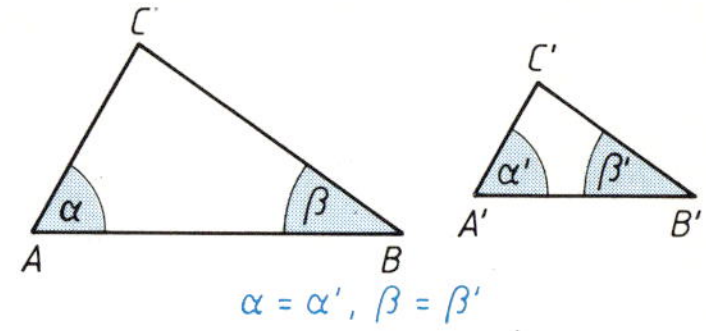

2. Ähnlichkeitssatz

Zwei Dreiecke sind ähnlich, wenn sie in den Verhältnissen entsprechender Seiten übereinstimmen.

$\Delta ABC \sim \Delta A'B'C'$

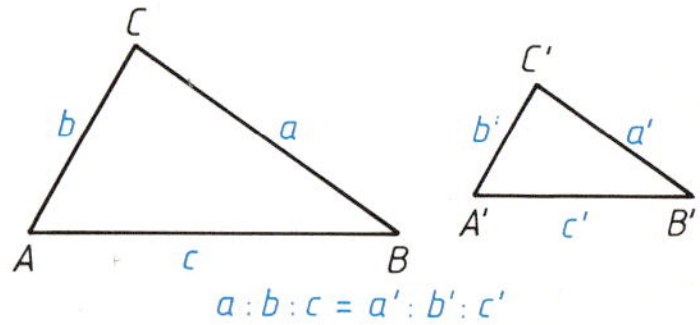

Berechnungen an Flächen

Dreieck Fläche $A = \frac{g \cdot h}{2}$

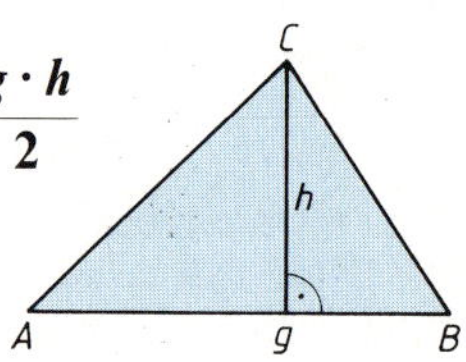

rechtwinkliges Dreieck

Fläche $A = \frac{a \cdot b}{2}$

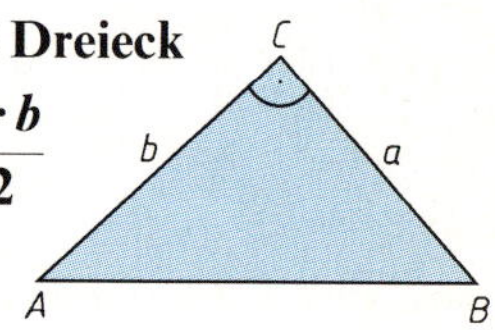

Satz des Pythagoras

In jedem rechtwinkligen Dreieck haben die beiden Quadrate über den Katheten a und b zusammen den gleichen Flächeninhalt wie das Quadrat über der Hypotenuse

$a^2 + b^2 = c^2$

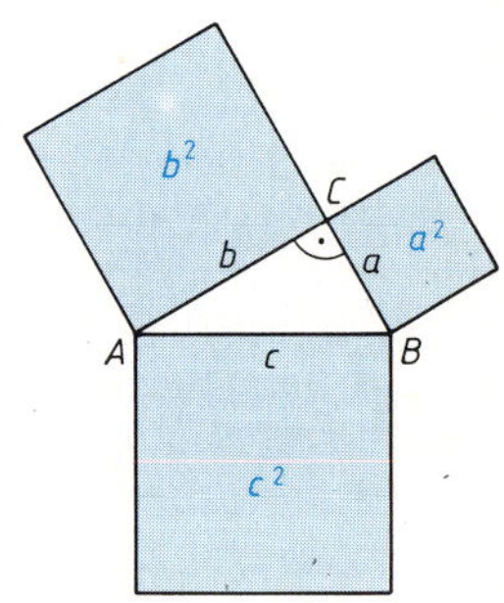

Kathetensatz

Im rechtwinkligen Dreieck hat das Quadrat über einer Kathete den gleichen Flächeninhalt wie das Rechteck aus der Hypotenuse und dem anliegenden Hypotenusenabschnitt.

$a^2 = c \cdot p$
$b^2 = c \cdot q$

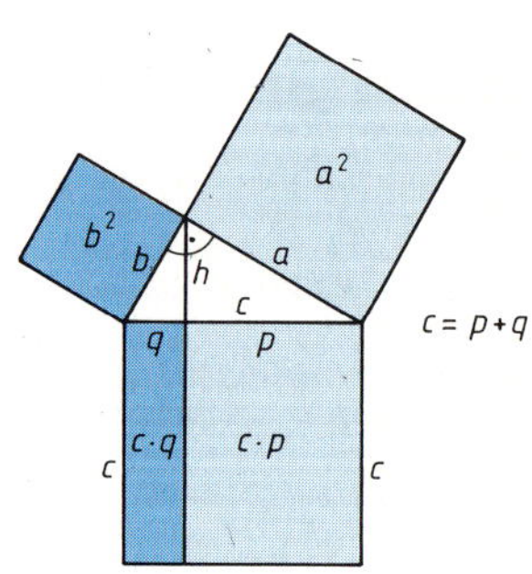

Höhensatz

Im rechtwinkligen Dreieck hat das Quadrat über der Höhe den gleichen Flächeninhalt wie das Rechteck aus den beiden Hypotenusenabschnitten.

$$h^2 = p \cdot q$$

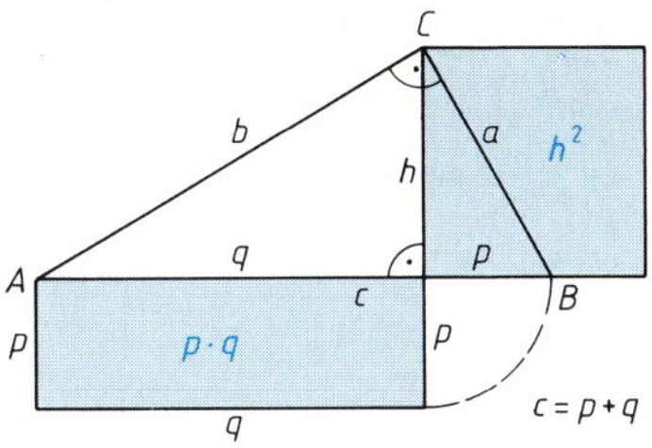

Gleichseitiges Dreieck

$$h = \frac{a}{2}\sqrt{3}$$

$$A = \frac{a^2}{4}\sqrt{3}$$

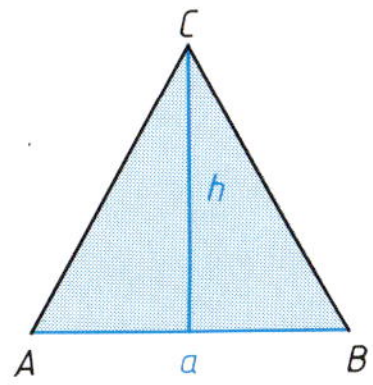

Quadrat

$$u = 4a$$

$$A = a^2$$

$$e = a \cdot \sqrt{2}$$

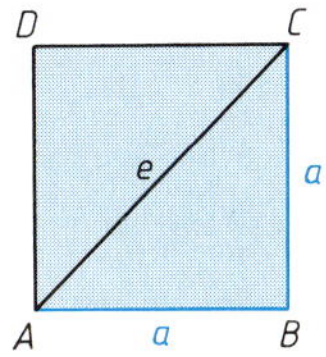

Rechteck

$$u = 2(a + b)$$

$$A = a \cdot b$$

$$e = \sqrt{a^2 + b^2}$$

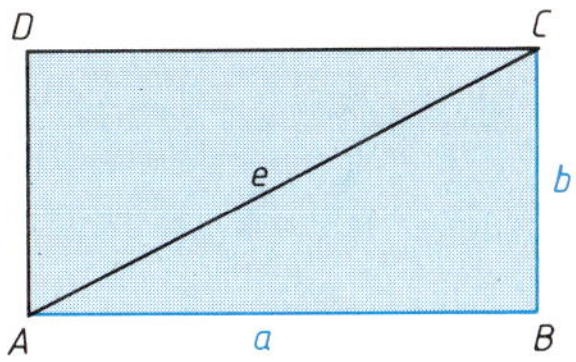

Raute

$$u = 4a$$

$$A = a \cdot h$$

$$A = \frac{e \cdot f}{2}$$

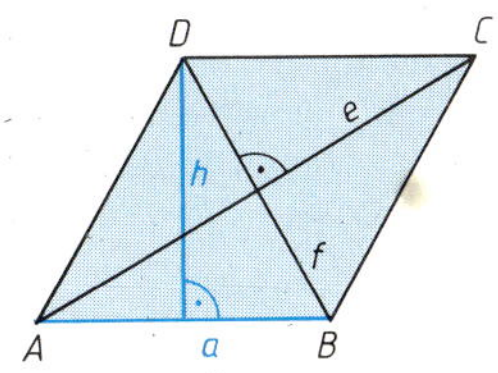

Parallelogramm

$$u = 2 \cdot (a + b)$$

$$A = a \cdot h_a$$

$$= b \cdot h_b$$

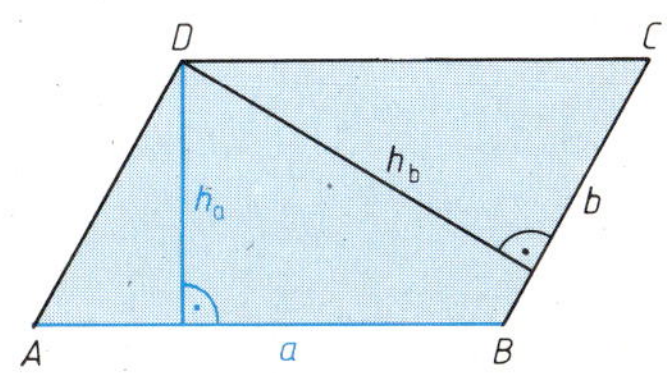

Trapez

$$u = a + b + c + d$$

$$m = \frac{a + c}{2}$$

$$A = m \cdot h$$

$$= \frac{a + c}{2} \cdot h$$

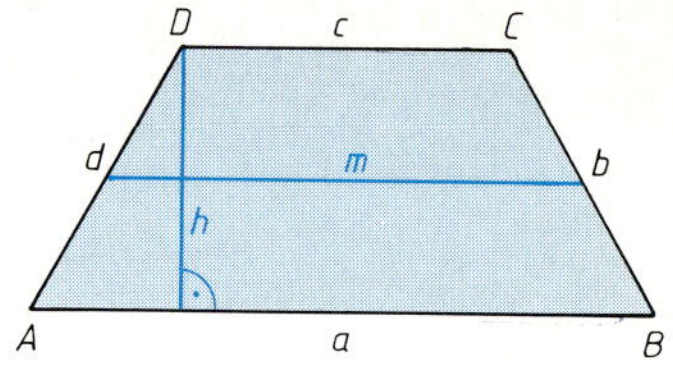

Drachen

$$u = 2 \cdot (a + b)$$

$$A = \frac{e \cdot f}{2}$$

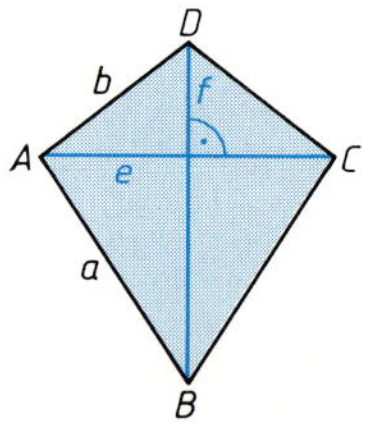

Regelmäßiges Sechseck

$$u = 6a$$

$$A = \frac{3}{2} a^2 \cdot \sqrt{3}$$

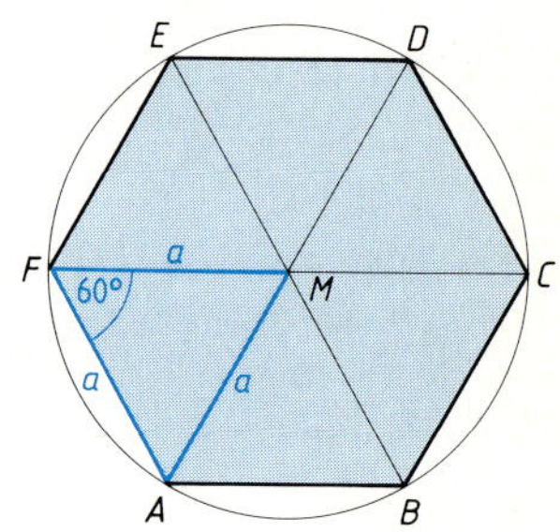

Kreis

$$u = 2\pi r = \pi d$$

$$A = \pi r^2 = \frac{\pi}{4} d^2$$

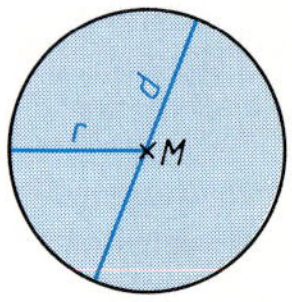

Kreisring

$$u = 2\pi (r_1 + r_2)$$

$$A = \pi (r_1^2 - r_2^2)$$

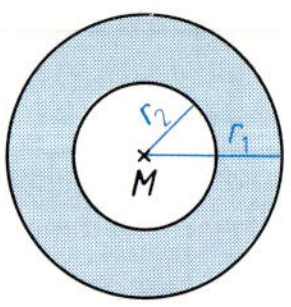

Kreisausschnitt

$$A = \frac{b \cdot r}{2}$$

$$A = \pi r^2 \cdot \frac{\alpha}{360°}$$

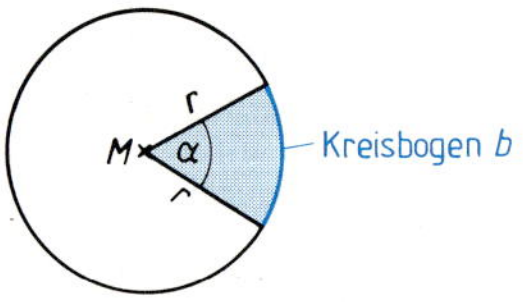

Kreisbogen

$$b = 2\pi r \cdot \frac{\alpha}{360°}$$

Berechnungen an Körpern

Würfel

Oberfläche $O = 6a^2$

Volumen $V = a^3$

$e = a \cdot \sqrt{3}$

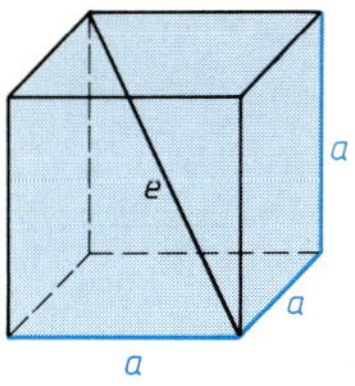

Quader

$O = 2(a \cdot b + a \cdot c + b \cdot c)$

$V = a \cdot b \cdot c$

$e = \sqrt{a^2 + b^2 + c^2}$

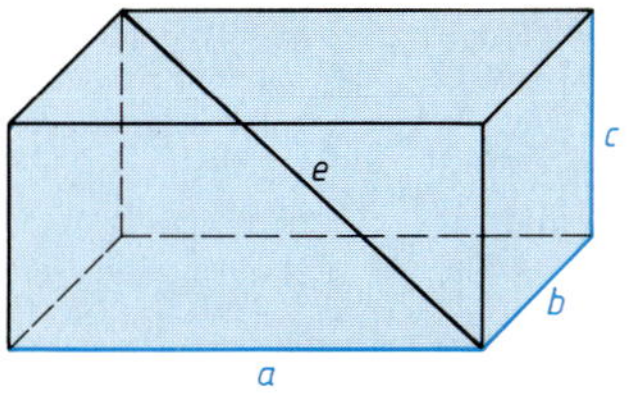

Prisma

$O = 2 \cdot G + M$

Grundfläche (G) Mantelfläche (M)

$V = G \cdot h$

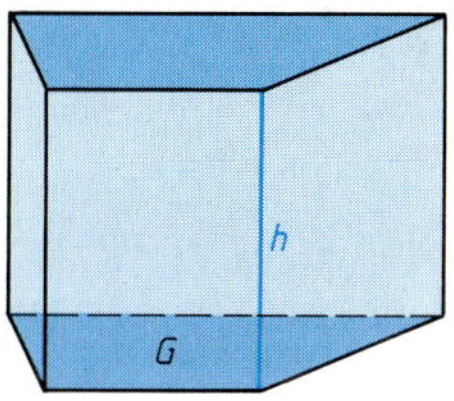

Zylinder

$O = 2\pi r \cdot (r + h)$

$V = \pi r^2 \cdot h$

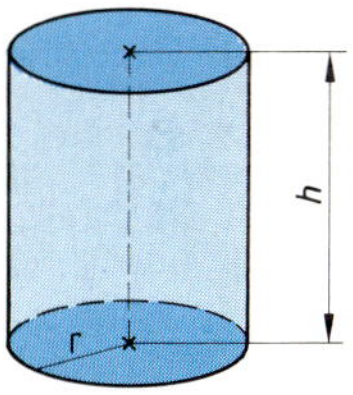

Pyramide (allgemein)

$O = G + M$

$V = \frac{1}{3} \cdot G \cdot h$

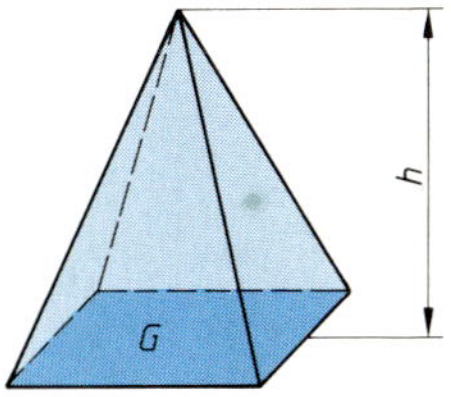

Dreiseitige Pyramide
(Grundfläche:
gleichseitiges Dreieck)

$O = \frac{a^2}{4} \cdot \sqrt{3} + \frac{3}{2} a \cdot h_s$

$V = \frac{a^2 \cdot h}{12} \cdot \sqrt{3}$

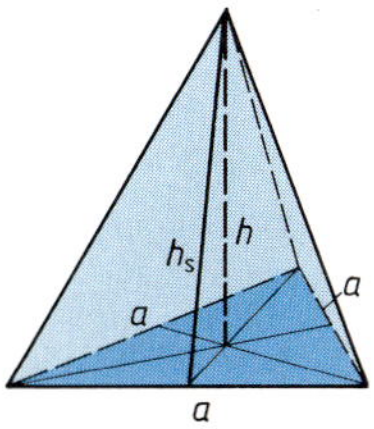

Tetraeder

$$O = a^2 \cdot \sqrt{3}$$

$$V = \frac{a^3}{12} \cdot \sqrt{2}$$

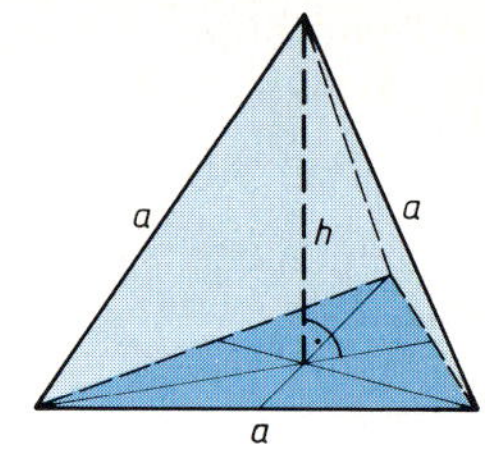

Quadratische Pyramide

$$O = a^2 + 2a \cdot h_s$$

$$V = \frac{1}{3} a^2 \cdot h$$

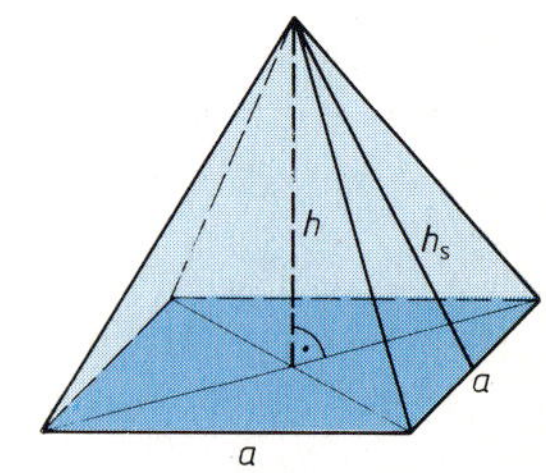

Sechsseitige Pyramide

$$O = \frac{3}{2} a \cdot (\sqrt{3} \cdot a + 2 \cdot h_s)$$

$$V = \frac{\sqrt{3}}{2} a^2 \cdot h$$

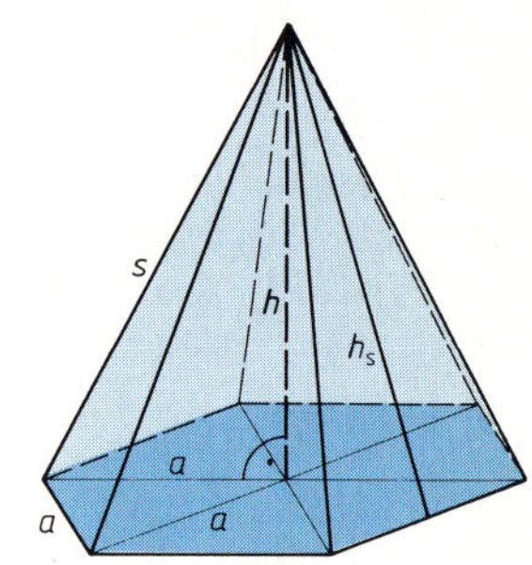

Kegel

$$O = \pi \cdot r \cdot (r + s)$$

$$V = \frac{\pi}{3} \cdot r^2 \cdot h$$

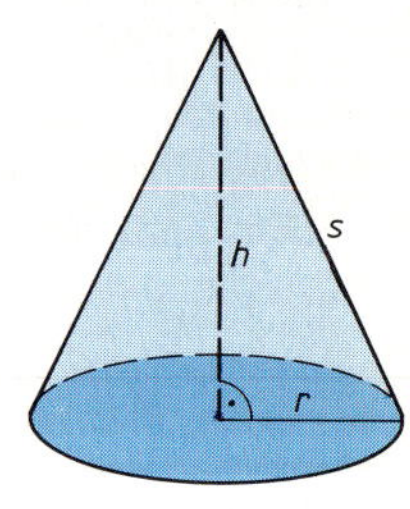

Kugel

$$O = 4\pi r^2 = \pi d^2$$

$$V = \frac{4}{3} \pi r^3 = \frac{1}{6} \pi d^3$$

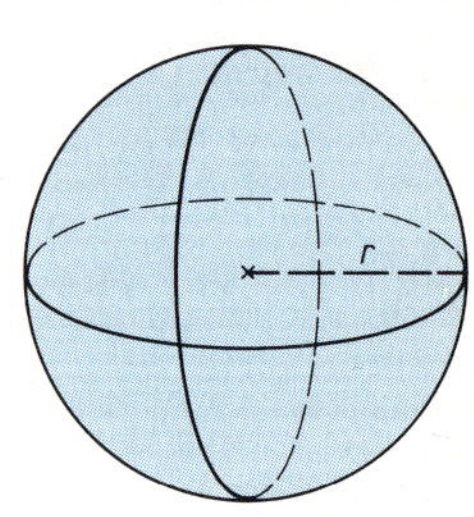

Pyramidenstumpf (allgemein)

G_1 – Grundfläche
G_2 – Deckfläche

$$O = G_1 + G_2 + M$$

$$V = \frac{h}{3} \cdot (G_1 + \sqrt{G_1 \cdot G_2} + G_2)$$

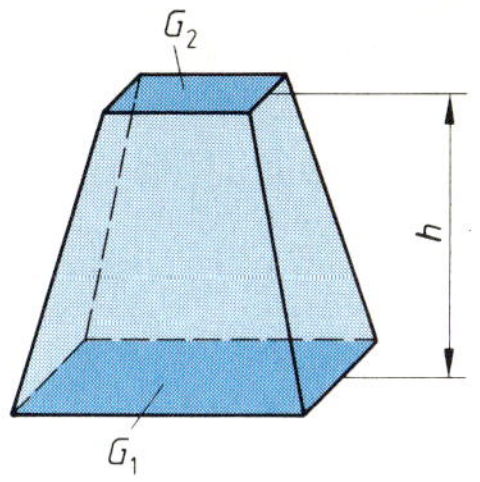

Dreiseitiger Pyramidenstumpf

Grund- und Deckfläche sind gleichseitige Dreiecke.

$$O = \frac{\sqrt{3}}{4}(a_1^2 + a_2^2) + \frac{3}{2}\,h_s \cdot (a_1 + a_2)$$

$$V = \frac{\sqrt{3}}{12}\,h \cdot (a_1^2 + a_1 \cdot a_2 + a_2^2)$$

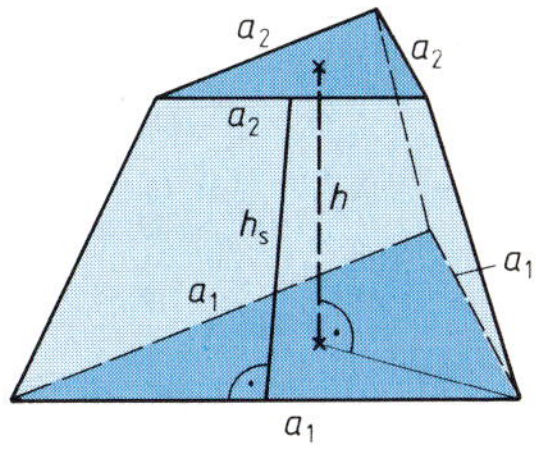

Quadratischer Pyramidenstumpf

$$O = a_1^2 + a_2^2 + 2h_s \cdot (a_1 + a_2)$$

$$V = \frac{h}{3} \cdot (a_1^2 + a_1 \cdot a_2 + a_2^2)$$

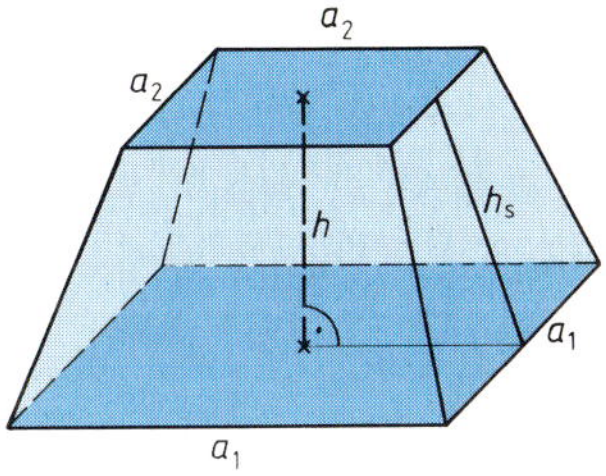

Sechsseitiger Pyramidenstumpf

G_1, G_2 regelmäßige Sechsecke

$$O = \frac{3}{2}\sqrt{3}(a_1^2 + a_2^2) + 3h_s \cdot (a_1 + a_2)$$

$$V = \frac{\sqrt{3}}{2} \cdot h \cdot (a_1^2 + a_1 \cdot a_2 + a_2^2)$$

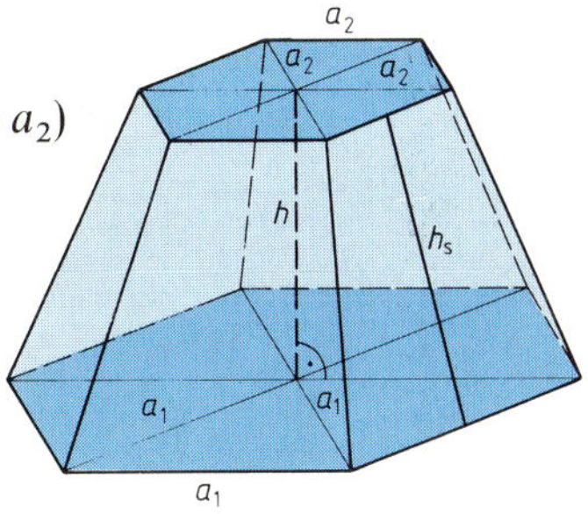

Kegelstumpf

$$O = \pi \cdot [r_1^2 + r_2^2 + s \cdot (r_1 + r_2)]$$

$$V = \frac{\pi}{3} \cdot h \cdot (r_1^2 + r_1 \cdot r_2 + r_2^2)$$

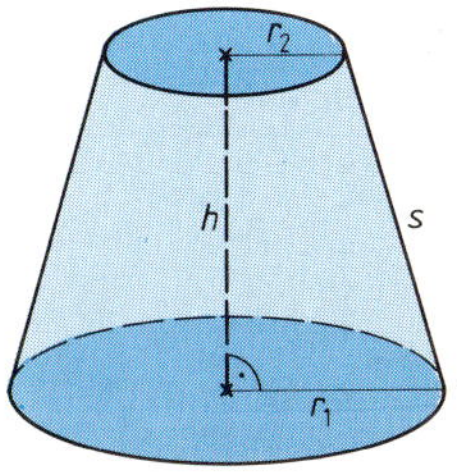

Trigonometrie

Sinus
Kosinus
Tangens

Im rechtwinkligen Dreieck gilt:

$$\sin\alpha = \frac{\text{Gegenkathete}}{\text{Hypotenuse}} = \frac{a}{c}$$

$$\cos\alpha = \frac{\text{Ankathete}}{\text{Hypotenuse}} = \frac{b}{c}$$

$$\tan\alpha = \frac{\text{Gegenkathete}}{\text{Ankathete}} = \frac{a}{b}$$

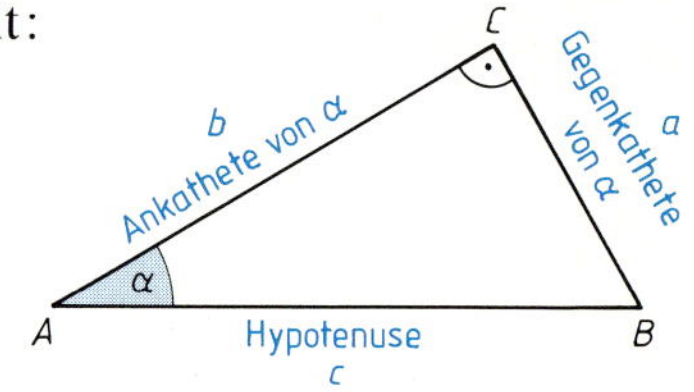

Sinussatz

In jedem Dreieck gilt:

$$\frac{a}{\sin\alpha} = \frac{b}{\sin\beta} = \frac{c}{\sin\gamma} = 2r$$

$$\frac{a}{b} = \frac{\sin\alpha}{\sin\beta}; \quad \frac{a}{c} = \frac{\sin\alpha}{\sin\gamma};$$

$$\frac{b}{c} = \frac{\sin\beta}{\sin\gamma}$$

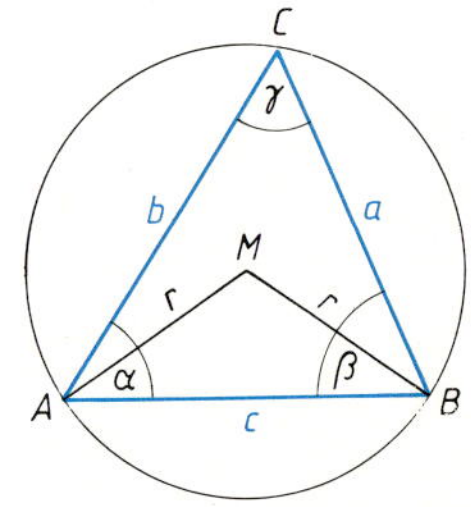

Kosinussatz

In jedem Dreieck gilt:

$$a^2 = b^2 + c^2 - 2b \cdot c \cdot \cos\alpha$$

$$b^2 = a^2 + c^2 - 2a \cdot c \cdot \cos\beta$$

$$c^2 = a^2 + b^2 - 2a \cdot b \cdot \cos\gamma$$

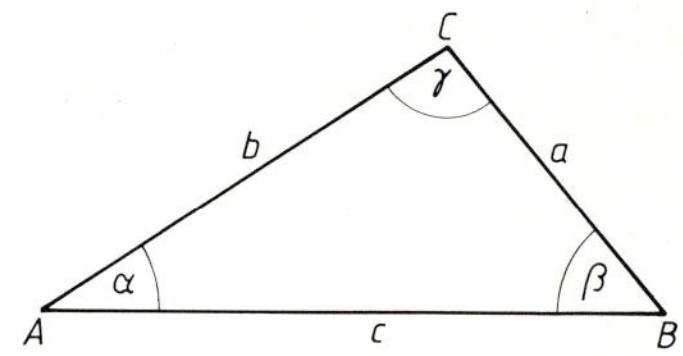

Allgemeine Dreiecksfläche

$$A = \frac{a \cdot b}{2} \cdot \sin\gamma$$

$$A = \frac{a \cdot c}{2} \cdot \sin\beta$$

$$A = \frac{b \cdot c}{2} \cdot \sin\alpha$$

Beziehungen der Winkelfunktionen

$$\cos(90° - \alpha) = \sin\alpha$$

$$\sin(90° - \alpha) = \cos\alpha$$

$$\cos(180° - \alpha) = -\cos\alpha$$

$$\sin(180° - \alpha) = \sin\alpha$$

$$\cos(90° + \alpha) = -\sin\alpha$$

$$\sin(90° + \alpha) = \cos\alpha$$

$$\tan(180° - \alpha) = -\tan\alpha$$

$$\sin^2\alpha + \cos^2\alpha = 1$$

$$\tan\alpha = \frac{\sin\alpha}{\cos\alpha}$$

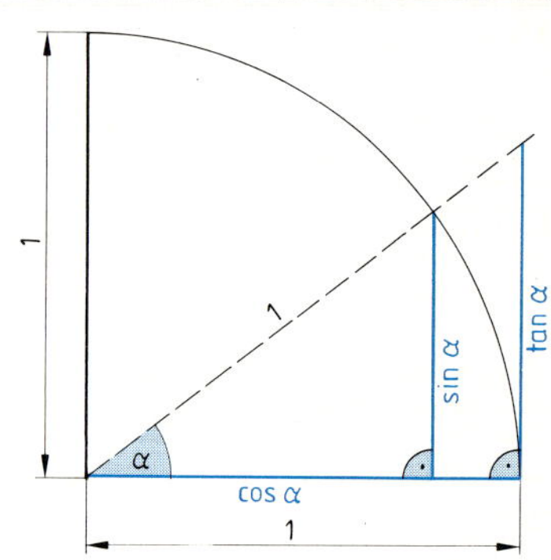

Besondere Werte der Winkelfunktionen

	0	$\frac{\pi}{6}$	$\frac{\pi}{4}$	$\frac{\pi}{3}$	$\frac{\pi}{2}$	x
α	$0°$	$30°$	$45°$	$60°$	$90°$	
$\sin \alpha$	0	$\frac{1}{2}$	$\frac{1}{2}\sqrt{2}$	$\frac{1}{2}\sqrt{3}$	1	$\sin x$
$\cos \alpha$	1	$\frac{1}{2}\sqrt{3}$	$\frac{1}{2}\sqrt{2}$	$\frac{1}{2}$	0	$\cos x$
$\tan \alpha$	0	$\frac{1}{3}\sqrt{3}$	1	$\sqrt{3}$	∞	$\tan x$

Sinusfunktion

$y = \sin \alpha$

$y = \sin x$

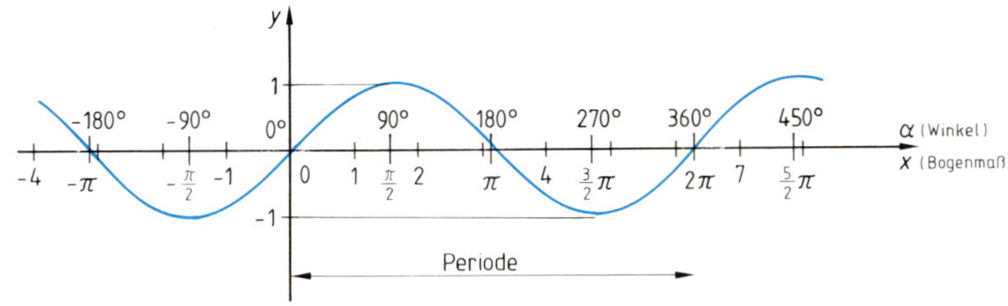

Kosinusfunktion

$y = \cos \alpha$

$y = \cos x$

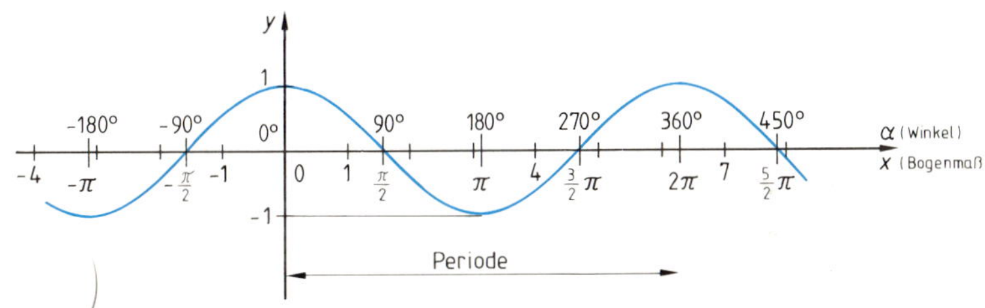

Tangensfunktion

$y = \tan \alpha$

$y = \tan x$

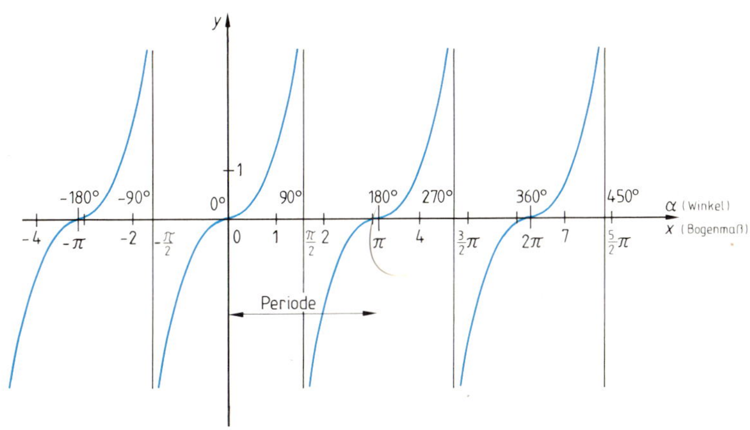

Maßeinheiten

Zeitmaße

1 Jahr = 365 Tage
1 Tag = 24 h
1 h = 60 min
1 min = 60 **s**

Gewichtsmaße

1 Mt = 1000 kt
1 kt = 1000 t
1 t = 1000 **kg**
1 **kg** = 1000 g
1 g = 1000 mg

Längenmaße

1 km = 1000 **m**
1 **m** = 10 dm
1 dm = 10 cm
1 cm = 10 mm

Flächenmaße

1 km^2 = 100 ha
1 ha = 100 a
1 a = 100 $\mathbf{m^2}$
1 $\mathbf{m^2}$ = 100 dm^2
1 dm^2 = 100 cm^2
1 cm^2 = 100 mm^2

Raummaße

1 $\mathbf{m^3}$ = 1000 dm^3
1 dm^3 = 1000 cm^3
1 cm^3 = 1000 mm^3

Hohlmaße

1 hl (Hektoliter) = 100 **l**
1 **l** = 1000 ml (Milliliter)   1 dm^3 = 1 l
1 ml = 1 cm^3

Bezeichnungen bei Maßeinheiten

Bezeichnung	Zeichen	Bedeutung
Tera	T	10^{12}fach
Giga	G	10^{9}fach
Mega	M	10^{6}fach
Kilo	k	10^{3}fach
Hekto	h	10^{2}fach
Deka	da	10fach
Dezi	d	10^{-1}fach

Bezeichnung	Zeichen	Bedeutung
Zenti	c	10^{-2}fach
Milli	m	10^{-3}fach
Mikro	μ	10^{-6}fach
Nano	n	10^{-9}fach
Piko	p	10^{-12}fach
Femto	f	10^{-15}fach
Atto	a	10^{-18}fach

Hinweis: In der EDV (Elektronischen Datenverarbeitung) bedeutet
Kilo das 1024fache
Mega das 1024 · 1024fache.
Beispiel: 640 kB (Kilobytes) sind 1024 · 640 = 655 360 Zeichen.

Elemente der Programmiersprache BASIC

Mit ⟨Zeilennummer⟩, ⟨Bedingung⟩, ⟨Anweisung⟩, ⟨Name⟩, ⟨Variable⟩, ⟨Ausdruck⟩, ⟨Text⟩ sind Platzhalter bezeichnet, die für Programme entsprechend ersetzt werden müssen.

Teile von Anweisungen in runden Klammern ( ) können auch weggelassen werden.

Variablen

Variablen beginnen mit einem Buchstaben, auf den weitere Buchstaben oder Zahlzeichen folgen können.
Variablen für Zeichenketten wird als letztes Zeichen $ angehängt.

Rechenoperationen

+ Addition	* Multiplikation	^ (bzw. ↑) Potenz
− Subtraktion	/ Division	

Ausdruck

Ausdrücke können aus Variablen, Zahlen und Rechenoperationen gebildet werden.

Anweisungen an das Betriebssystem

RUN	Ausführen des Programms
LIST	Anzeigen des Programms auf dem Bildschirm
SAVE "⟨Name⟩"	Speichern eines Programms auf Diskette
LOAD "⟨Name⟩"	Laden eines Programms von der Diskette
NEW	Löschen des Programms im Arbeitsspeicher

Anweisungen in Programmen

INPUT ⟨Variable⟩	Eingabe
(LET) ⟨Variable⟩ = ⟨Ausdruck⟩	Wertzuweisung
GOTO ⟨Zeilennummer⟩	Sprunganweisung
IF ⟨Bedingung⟩ THEN ⟨Anweisung⟩	Bedingte Anweisung
FOR ⟨Variable⟩ = ⟨Zahl⟩ TO ⟨Zahl⟩ (STEP ⟨Zahl⟩) ⟨Anweisungen⟩ NEXT ⟨Variable⟩	Zählschleife
PRINT ⟨Variable⟩	Ausgabe des Wertes einer Variablen
PRINT "⟨Text⟩"	Ausgabe von Text

Auswahl physikalischer Größen

Größe	Formelzeichen	Einheit		Weitere Einheiten		Beziehung	Formel, Gleichung
Temperatur	T ϑ (Theta)	Kelvin	K	Grad Celsius	°C	0 K ≙ −273,15 °C 0 °C ≙ 273,15 K	
Länge	l	Meter	m	Seemeile	sm	1 sm = 1852 m	
Fläche Querschnittsfläche	A S	Quadratmeter	m^2	Ar Hektar	a ha	1 a = 100 m^2 1 ha = 100 a = 10000 m^2	$A = l_1 \cdot l_2$
Volumen	V	Kubikmeter	m^3	Liter	l	1 l = 1 dm^3 = 0,001 m^3	$V = l_1 \cdot l_2 \cdot l_3$
Masse	m	Kilogramm	kg	Gramm Tonne	g t	1 g = 10^{-3} kg = 0,001 kg 1 t = 10^3 kg = 1000 kg	$m = \varrho \cdot V$
Dichte	ϱ (Rho)	Gramm durch (pro) Kubikzentimeter	$\frac{g}{cm^3}$	Kilogramm durch (pro) Kubikdezimeter	$\frac{kg}{dm^3}$	$1 \frac{g}{cm^3} = 1 \frac{kg}{dm^3}$	$\varrho = \frac{m}{V}$
Weg	s	Meter	m				$s = \frac{a}{2} \cdot t^2$
Kraft	F	Newton	N			1 N $= 1 \frac{kg\,m}{s^2}$	$F = m \cdot a$
Druck	p	Pascal	Pa	Bar Millibar Hektopascal	1 bar mbar 1 hPa	1 Pa $= 1 \frac{N}{m^2}$ 1 bar = 10^5 Pa = 1000 mbar 1 mbar = 1 hPa = 10^2 Pa = 100 Pa	$p = \frac{F}{A}$
Arbeit Energie	W (für *Energie* auch: E)	Joule	J	Newtonmeter Wattsekunde	Nm Ws	1 J = 1 Nm = 1 Ws $= 1 \frac{kg\,m^2}{s^2}$	$W = F \cdot s$
Leistung	P	Watt	W	Milliwatt Kilowatt Megawatt	mW kW MW	1 W $= 1 \frac{Nm}{s} = 1 \frac{Ws}{s}$ 1 W = 1000 mW 1 kW = 1000 W 1 MW = 1000 kW	$P = \frac{W}{t}$ $P = F \cdot v$
Zeit	t	Sekunde	s	Minute Stunde Tag Jahr	min h d a	1 min = 60 s 1 h = 60 min = 3600 s 1 d = 24 h = 1440 min = 86400 s	

Größe	Formelzeichen	Einheit	Weitere Einheiten	Beziehung	Formel, Gleichung
Geschwindigkeit (gleichförmige Bewegung)	v	Meter durch (pro) Sekunde $\frac{m}{s}$	Kilometer durch Stunde $\frac{km}{h}$ Knoten Kn	$1\frac{km}{h} = \frac{1}{3{,}6}\frac{m}{s}$ $1\frac{m}{s} = 3{,}6\frac{km}{h}$ $1\,Kn = 1\frac{sm}{h} = 1{,}852\frac{km}{h}$	$v = \frac{s}{t}$
Geschwindigkeit (beschleunigte Bewegung)	a	Meter durch Sekunde hoch zwei $\frac{m}{s^2}$			$a = \frac{\Delta v}{t}$, Δv – Geschwindigkeitsänderung
elektr. Stromstärke	I	Ampere A			
Ladung	Q	Coulomb C	Amperesekunde As	$1\,C = 1\,As$	$Q = I \cdot t$
elektr. Spannung	U	Volt V		$1\,V = 1\frac{Ws}{As} = 1\frac{W}{A}$	$U = \frac{W}{Q}$
elektr. Widerstand	R	Ohm Ω		$1\,\Omega = 1\frac{V}{A}$	$R = \frac{U}{I}$
Brennweite Brechkraft	f D	Dioptrie dpt		$1\,dpt = \frac{1}{m}$	$D = \frac{1}{f}$
Aktivität	A	Becquerel Bq	Curie Ci	$1\,Bq = \frac{1}{s}$ $1\,Ci = 37 \cdot 10^9\,Bq$	$A = \frac{\text{Anzahl der Zerfälle}}{\text{Zeit}}$
Energiedosis	D	Gray Gy	Rad rd	$1\,Gy = 1\frac{J}{kg}$ $1\,rd = 10^{-2}\,Gy = 0{,}01\,Gy$	$D = \frac{\text{Absorbierte Energie}}{\text{Masse}}$
Äquivalentdosis	H	Sievert Sv	Rem rem	$1\,Sv = 1\frac{J}{kg}$ $1\,rem = 10^{-2}\,Sv = 0{,}01\,Sv$	$Dq = D \cdot$ biolog. Wirkungsfaktor
Frequenz	f	Hertz Hz	Kilohertz kHz	$1\,Hz = \frac{1}{s}$	$f = \frac{n}{t}$ n – Anzahl der Schwingungen

Schaltzeichen (Schaltsymbole)

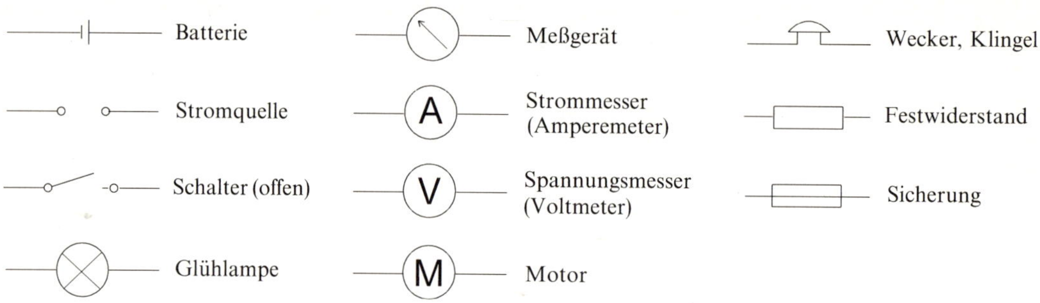

Wärmeausdehnung

Wärmeausdehnung fester Stoffe

Ausdehnungskoeffizient fester Stoffe (Längenänderung) (zwischen 0 °C und 100 °C)

Stoff	α in $\frac{mm}{m \cdot K}$
Normalglas	0,009
Schienenstahl	0,0115
Beton	0,012
Eisen	0,012
Nickel	0,013
Gold	0,014
Kupfer	0,017
Messing	0,018
Silber	0,020
Aluminium	0,024
Zink	0,026
Zinn	0,027
Blei	0,029

Wärmeausdehnung flüssiger Stoffe

Ausdehnung von Flüssigkeiten beim Erwärmen (zwischen 0 °C und 100 °C)

Stoff	Volumenzunahme bei Erwärmung um 1 K in cm^3
1 l Quecksilber	0,18
1 l Wasser	0,21
1 l Glycerin	0,50
1 l Heizöl	ca. 0,9
1 l Alkohol	1,1
1 l Benzin	1,06
1 l Benzol	1,23

Zustandsänderungen einiger Stoffe

Stoff	Schmelztemperatur in °C	spezifische Schmelzwärme in $\frac{kJ}{kg}$	Siedetemperatur (bei 1013 hPa) in °C	spezifische Verdampfungswärme in $\frac{kJ}{kg}$
Alkohol	−114	108	78,3	840
Aluminium	659	397	2447	10900
Blei	327	23,0	1750	8600
Diamant	ca. 3800	ca. 17000		
Eisen	1535	277	2730	6340
Glycerin	18,4	201	291	
Gold	1063	65,7	2707	1650
Kupfer	1083	205	2590	4790
Luft	−213		−194	205
Nickel	1453	303	2800	6480
Propan	−190		−42	426
Quecksilber	−38,9	11,8	357	285
Sauerstoff	−219	13,8	−183	213
Stickstoff	−210	26,0	−196	198
Wasser	0	334	100	2256
Wolfram	3380	192	ca. 5500	4350
Zink	420	107	907	1755
Zinn	232	59,6	2430	2450

Heizwerte von Brennstoffen

fester Brennstoff	Rohbraunkohle	trockenes Holz	Esbit®	Braunkohlenbriketts	Koks	Steinkohle
Heizwert in kJ/kg	9000	16000	19000	20000	29000	32000
flüssiger Brennstoff	Brennspiritus	Alkohol	Petroleum	Heizöl	Benzin	
Heizwert in kJ/kg	23000	27000	41000	42000	44000	
gasförmiger Brennstoff	Erdgas	Campinggas (Butan)	Propan	Schweißgas (Acetylen)	Wasserstoff	
Heizwert in kJ/kg	38000	45000	46000	48000	120000	

Wärmekapazitäten

Stoff (bei 20 °C)	Wärmekapazität c in $\frac{kJ}{kg \cdot K}$	Stoff (bei 20 °C)	Wärmekapazität c in $\frac{kJ}{kg \cdot K}$
Blei	0,13	Luft	1,01
Kupfer	0,38	Holz	ca. 1,50
Eisen	0,45	Glycerin	2,39
Glas	0,80	Spiritus	2,43
Sand	0,84	Wasser	4,18
Beton	0,84	Wasserstoff	14,32
Ziegelstein	0,84		

Chemische Elemente

Element	Symbol	Oz[1]
Actinium	**Ac**	89
Aluminium	**Al**	13
Americium	**Am**	95
Antimon	**Sb**	51
Argon	**Ar**	18
Arsen	**As**	33
Astat	**At**	85
Barium	**Ba**	56
Berkelium	**Bk**	97
Beryllium	**Be**	4
Blei	**Pb**	82
Bor	**B**	5
Brom	**Br**	35
Cadmium	**Cd**	48
Cäsium	**Cs**	55
Calcium	**Ca**	20
Californium	**Cf**	98
Cer	**Ce**	58
Chlor	**Cl**	17
Chrom	**Cr**	24
Curium	**Cm**	96
Dysprosium	**Dy**	66
Einsteinium	**Es**	99
Eisen	**Fe**	26
Erbium	**Er**	68
Europium	**Eu**	63
Fermium	**Fm**	100
Fluor	**F**	9
Francium	**Fr**	87
Gadolinium	**Gd**	64
Gallium	**Ga**	31
Germanium	**Ge**	32
Gold	**Au**	79
Hahnium	**Ha**	105
Hafnium	**Hf**	72

Element	Symbol	Oz[1]
Helium	**He**	2
Holmium	**Ho**	67
Indium	**In**	49
Iod	**I**	53
Iridium	**Ir**	77
Kalium	**K**	19
Kobalt	**Co**	27
Kohlenstoff	**C**	6
Krypton	**Kr**	36
Kupfer	**Cu**	29
Kurtschatovium	**Ku**	104
Lanthan	**La**	57
Lawrencium	**Lr**	103
Lithium	**Li**	3
Lutetium	**Lu**	71
Magnesium	**Mg**	12
Mangan	**Mn**	25
Mendelevium	**Md**	101
Molybdän	**Mo**	42
Natrium	**Na**	11
Neodym	**Nd**	60
Neon	**Ne**	10
Neptunium	**Np**	93
Nickel	**Ni**	28
Niob	**Nb**	41
Nobelium	**No**	102
Osmium	**Os**	76
Palladium	**Pd**	46
Phosphor	**P**	15
Platin	**Pt**	78
Plutonium	**Pu**	94
Polonium	**Po**	84
Praseodym	**Pr**	59
Promethium	**Pm**	61
Protactinium	**Pa**	91

Element	Symbol	Oz[1]
Quecksilber	**Hg**	80
Radium	**Ra**	88
Radon	**Rn**	86
Rhenium	**Re**	75
Rhodium	**Rh**	45
Rubidium	**Rb**	37
Ruthenium	**Ru**	44
Samarium	**Sm**	62
Sauerstoff	**O**	8
Schwefel	**S**	16
Selen	**Se**	34
Silber	**Ag**	47
Silicium	**Si**	14
Scandium	**Sc**	21
Stickstoff	**N**	7
Strontium	**Sr**	38
Tantal	**Ta**	73
Technetium	**Tc**	43
Tellur	**Te**	52
Terbium	**Tb**	65
Thallium	**Tl**	81
Thorium	**Th**	90
Thulium	**Tm**	69
Titan	**Ti**	22
Uran	**U**	92
Vanadin	**V**	23
Wasserstoff	**H**	1
Wismut	**Bi**	83
Wolfram	**W**	74
Xenon	**Xe**	54
Ytterbium	**Yb**	70
Yttrium	**Y**	39
Zink	**Zn**	30
Zinn	**Sn**	50
Zirkonium	**Zr**	40

[1] Oz = Ordnungszahl

Periodensystem der Elemente

Hauptgruppenelemente

Periode	I	II		III	IV	V	VI	VII	VIII	Periode
1	1,00797 1 H								4,0026 2 He	1
2	6,939 3 Li	9,0122 4 Be		10,811 5 B	12,011 6 C	14,007 7 N	15,999 8 O	18,998 9 F	20,183 10 Ne	2
3	22,990 11 Na	24,312 12 Mg		26,982 13 Al	28,086 14 Si	30,974 15 P	32,064 16 S	35,453 17 Cl	39,948 18 Ar	3
4	39,102 19 K	40,08 20 Ca		69,72 31 Ga	72,59 32 Ge	74,922 33 As	78,96 34 Se	79,909 35 Br	83,80 36 Kr	4
5	85,47 37 Rb	87,62 38 Sr		114,82 49 In	118,69 50 Sn	121,75 51 Sb	127,60 52 Te	126,90 53 I	131,30 54 Xe	5
6	132,90 55 Cs	137,34 56 Ba		204,37 81 Tl	207,19 82 Pb	208,98 83 Bi	(209) 84 *Po	(210) 85 *At	(222) 86 *Rn	6
7	(223) 87 *Fr	(226) 88 *Ra								7

Nebengruppenelemente

4	44,956 21 Sc		47,90 22 Ti	50,942 23 V	51,996 24 Cr	54,938 25 Mn	55,847 26 Fe	58,933 27 Co	58,71 28 Ni	63,54 29 Cu	65,37 30 Zn	4
5	88,905 39 Y		91,22 40 Zr	92,906 41 Nb	95,94 42 Mo	(97) 43 *Tc	101,07 44 Ru	102,90 45 Rh	106,4 46 Pd	107,87 47 Ag	112,40 48 Cd	5
6	138,91 57 La		178,49 72 Hf	180,95 73 Ta	183,85 74 W	186,2 75 Re	190,2 76 Os	192,2 77 Ir	195,09 78 Pt	196,97 79 Au	200,59 80 Hg	6
7	(227) 89 *Ac		(260) 104 *Ku	(261) 105 *Ha								7

Lanthanide (6. Periode)
Actinide (7. Periode)

6	140,12 58 Ce	140,91 59 Pr	144,24 60 Nd	(145) 61 *Pm	150,35 62 Sm	151,96 63 Eu	157,25 64 Gd	158,92 65 Tb	162,50 66 Dy	164,93 67 Ho	167,26 68 Er	168,93 69 Tm	173,04 70 Yb	174,97 71 Lu
7	232,04 90 *Th	(231) 91 *Pa	238,03 92 *U	(237) 93 *Np	(244) 94 *Pu	(243) 95 *Am	(247) 96 *Cm	(247) 97 *Bk	(251) 98 *Cf	(254) 99 *Es	(253) 100 *Fm	(256) 101 *Md	(253) 102 *No	(257) 103 *Lr

Metalle

Elemente mit metallischen **und** nichtmetallischen Eigenschaften

Nichtmetalle

Edelgase

* radioaktive Elemente

Stichwortverzeichnis